"神奇生物"系列

哇！
生命多神奇！

● 王海媚 李至薇 编著

海豚出版社
DOLPHIN BOOKS
CIPG
中国国际出版集团

新世界出版社
NEW WORLD PRESS

神奇生物探秘之旅

阅读不只是读书上的文字和图画，阅读可以是多维的、立体的、多感官联动的。这套"神奇生物"系列绘本不只是一套书，它提供了涉及视觉、听觉多感官的丰富材料，带领孩子尽情遨游生物世界；它提供了知识、游戏、测试、小任务，让孩子切实掌握生物知识；它能够激发孩子对世界的好奇心和求知欲，让亲子阅读的过程更加丰富而有趣。

一套书可以变成一个博物馆、一个游学营，快陪伴孩子开启一场充满乐趣和挑战的神奇生物探秘之旅吧！

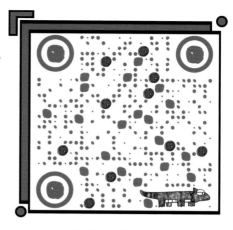

生物小百科

书里提到一些生物专业名词，这里有既通俗易懂又不失科学性的解释；关于书中介绍的神奇生物，这里还有更多有趣的故事。

这就是探索生物秘密的钥匙，请用手机扫一扫，立刻就能获得。

生物相册

书中讲了这么多神奇的生物，想看看它们真实的样子吗？想听听它们真实的声音吗？来这里吧！

趣味测试

读完本书，孩子和这些神奇生物成为朋友了吗？让小小生物学家来挑战看看吧！

走近生物

每本书都设置了小任务，可以带着孩子去户外寻找周围的动植物，也可以试试亲手种一盆花，让孩子亲近自然，在探索中收获知识。

生物画廊

认识了这么多神奇生物，孩子可以用自己的小手把它们画出来，尽情发挥自己的想象力吧！

生命都会经历出生、长大、变老、死亡。
是这样吗？
不！
有些生命会"死而复生"，
有些生命会"返老还童"，
还有些生命会……
哇！生命有这么神奇吗？

我听幼儿园老师讲过一个关于落叶的故事。

老师说，树叶在掉落之前是有生命的，变成落叶就没有生命了。

听了老师的话，我的脑子里一下子冒出好多好多问题。

什么是生命？最早的生命是什么？生命有哪些种类？……

我想和爸爸妈妈一起去寻找这些问题的答案，你也一起来吧！

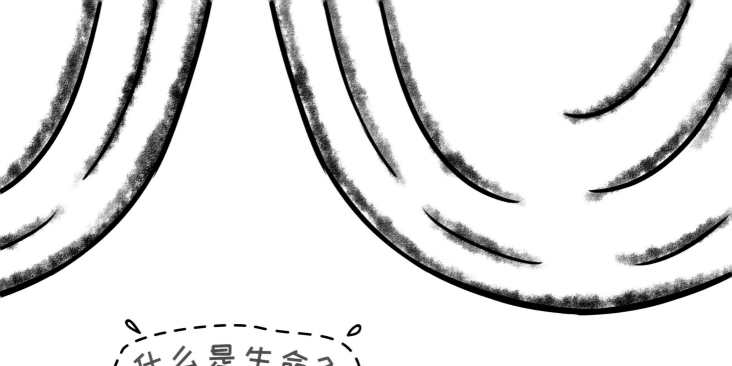

什么是生命？

这可是一个有点儿复杂的问题，不过简单地说，有生命的东西都拥有几个本领，拿我的爸爸妈妈做例子吧。

第一，能吃吃喝喝、吸收营养，也能排出废物，比如尿尿、便便。

第二，会长大，也会变老，比如爸爸妈妈会从婴儿到少年、到做父母、到成为爷爷奶奶。

第三，可以生下宝宝，而且宝宝在很多方面很像他们，比如我就长得很像爸爸妈妈。

如果上面的特点都具备，我们就可以说这是一个生命了。

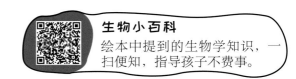

生物小百科
绘本中提到的生物学知识，一扫便知，指导孩子不费事。

最早的生命是什么？

爸爸妈妈说，最早的生命，是很久很久以前，由原始海洋中一种叫作"蛋白质"的物质构成的。后来，蛋白质成为了所有生命的基本构成物质。

日常生活中，很多东西都含有丰富的蛋白质，比如鸡蛋、豆腐和鸡肉。我们人体里也含有很多蛋白质。

生命有哪些种类？

生命的种类真多啊！

在我们身边，有可爱的小蘑菇，有花花草草和参天大树，还有袋鼠、雄鹰和猎豹。

妈妈告诉我，简单地说，生命大致可以分成微生物、植物、动物。人就是动物的一种，可我们的情感更加丰富。

所以，我们会流泪，会微笑，喜欢温暖的拥抱。

生命可以"一分为二"吗？

我们班里有一对双胞胎兄弟，叫大熊和小熊，长得很像很像。

　　妈妈告诉我，他们最初是从同一个细胞分裂开来的，携带着完全相同的生命信息，然后再各自发育长大。

　　难怪他俩长得几乎一模一样。

　　爸爸说，有一种小虫子叫涡虫，就算身体被切成几百块，每一块都能重新长成一个完整的自己。

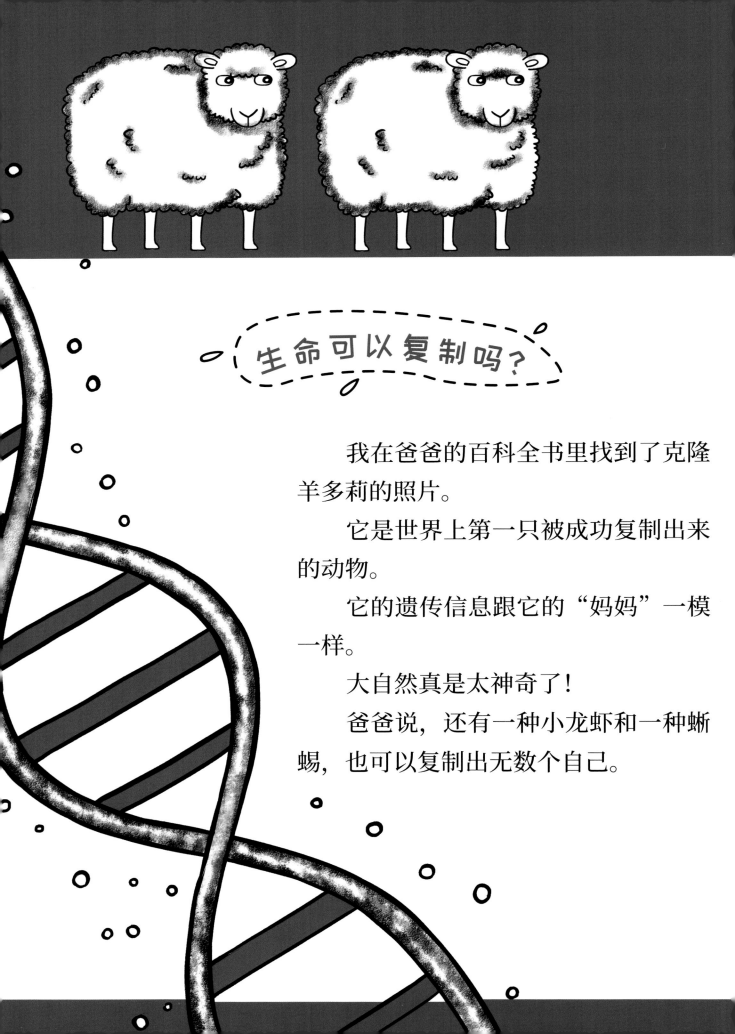

生命可以复制吗？

　　我在爸爸的百科全书里找到了克隆羊多莉的照片。

　　它是世界上第一只被成功复制出来的动物。

　　它的遗传信息跟它的"妈妈"一模一样。

　　大自然真是太神奇了！

　　爸爸说，还有一种小龙虾和一种蜥蜴，也可以复制出无数个自己。

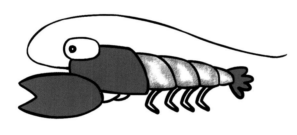 

生命可以"共享"吗？

世界上的生物或独立生活，或成群结伴。

其中有一些成为了好朋友，一生相伴，共同进退。

比如，牛的胃里面住着很多很小很小的微生物，牛吃进肚里的草也是微生物的食物，微生物将草里的纤维素分解，为牛提供营养。

它们生活在一起，相互依赖，彼此有利。

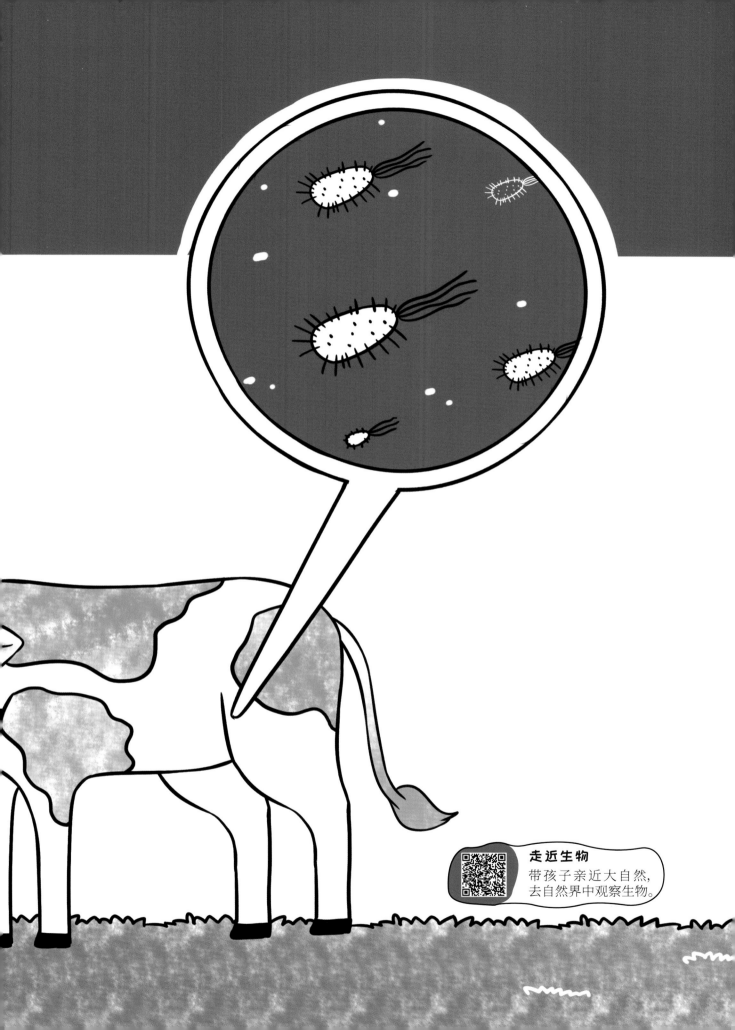

走近生物
带孩子亲近大自然，
去自然界中观察生物。

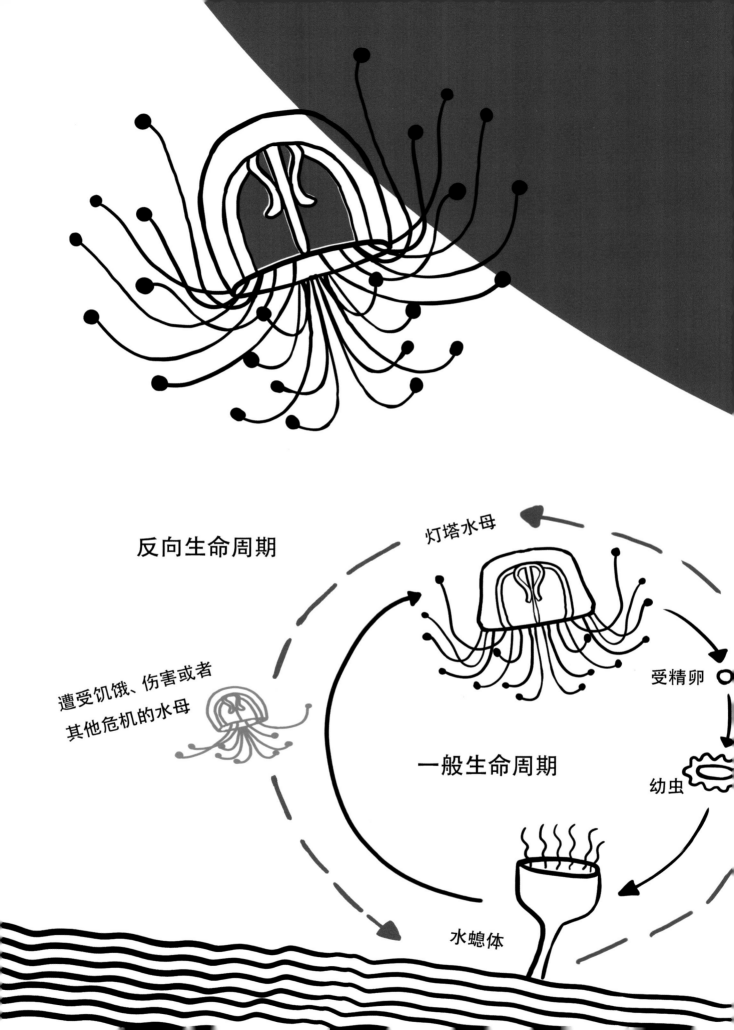

反向生命周期

灯塔水母

遭受饥饿、伤害或者
其他危机的水母

受精卵

一般生命周期

幼虫

水螅体

生命可以"返老还童"
或是"长生不老"吗？

　　生物世界真是无奇不有啊！

　　妈妈说，大海里有一种神奇的灯塔水母，可以在长大后重新变回宝宝，而且这种变化可以永远重复下去！

　　所以，这种水母真的可以"长生不老"啊！

　　不过，这种变化只会在它们遭受饥饿、伤害或其他危机时才会出现，一般情况下它们也会长大、死去。

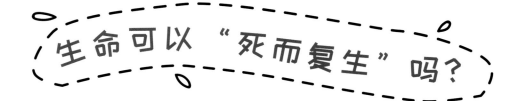

生命可以"死而复生"吗？

　　有一种神奇的植物叫作卷柏。

　　爸爸说，它遇到长期干旱的天气时，就会睡着，好像死掉了一样。

　　可是，重新得到充足的水分后，它就会醒来！

　　还有一种非洲肺鱼，可以离开水源，在泥土里不吃不喝睡上三五年！

　　当河水涨起来的时候，它们就会活蹦乱跳地重新活过来。

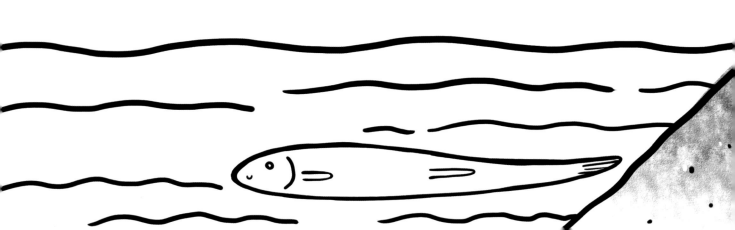

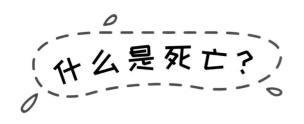
什么是死亡？

　　妈妈说，死亡就是有生命的东西失去了前面提到的几个本领。

　　就像一条鱼，离开水，停止了呼吸，心脏也不再跳动。它不再吃东西，也不再生长，没有任何感觉，也不会生鱼宝宝了。

　　或者，像一棵大树，不再长出新的枝叶，不再开花结果，慢慢地，叶片落下来，树干也干枯了。

生命会随着死亡消失吗？

爸爸妈妈说，死去的生命，身体可能会消失，但是组成它的物质会重新回到大自然，为其他活着的生命提供能量。

而生命的遗传信息，会通过自己的后代不停地延续下去。

对于我们人类来说，一个人的记忆、爱和思考，会留在其他还活着的人的脑海里。

也许有一天，我们的意识可以存储在电脑里。

或许，这也是一种"永生"吧……

亲爱的小朋友们，这就是我找到的 10 个生命问题的答案。

你心里是不是也有很多关于生命的问题呢？

寻找这些问题的答案不是很容易，我和爸爸妈妈去了动物园、植物园，还查找了图书和其他资料，但是，知道了那么多有关生命的秘密，我觉得很开心，也很有趣。

希望你也和爸爸妈妈一起努力去寻找自己的答案！

趣味测试
生物知多少？让小朋友进行一场小测试吧！

这里是神秘的海底世界！
看，灯塔水母！它长得真漂亮！
咱们来给它画个像吧！
沿着虚线描一描，再给它涂上颜色。
小朋友，来认识新伙伴吧！

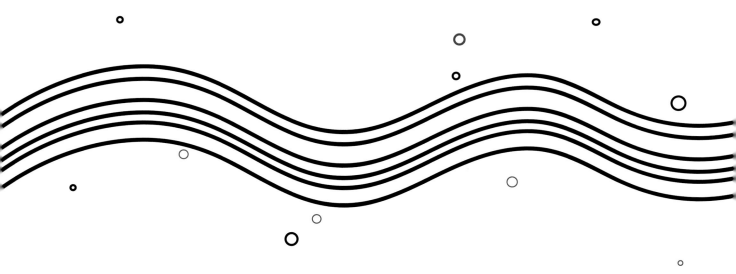

图书在版编目（ＣＩＰ）数据

哇！生命多神奇！/ 王海媚，李至薇编著 . -- 北京：
海豚出版社：新世界出版社，2019.9
ISBN 978-7-5110-4033-6

Ⅰ.①哇… Ⅱ.①王… ②李… Ⅲ.①生命科学－儿
童读物 Ⅳ.① Q1-0

中国版本图书馆 CIP 数据核字 (2018) 第 286314 号

哇！生命多神奇！
WA SHENGMING DUO SHENQI
王海媚 李至薇 编著

出 版 人 王 磊
总 策 划 张 煜
责任编辑 梅秋慧 张 镛 郭雨欣
装帧设计 荆 娟
责任印制 于浩杰 王宝根
出 版 海豚出版社 新世界出版社
地 址 北京市西城区百万庄大街 24 号
邮 编 100037
电 话 (010)68995968 （发行） (010)68996147 （总编室）
印 刷 小森印刷（北京）有限公司
经 销 新华书店及网络书店
开 本 889mm×1194mm 1/16
印 张 2
字 数 25 千字
版 次 2019 年 9 月第 1 版 2019 年 9 月第 1 次印刷
标准书号 ISBN 978-7-5110-4033-6
定 价 25.80 元

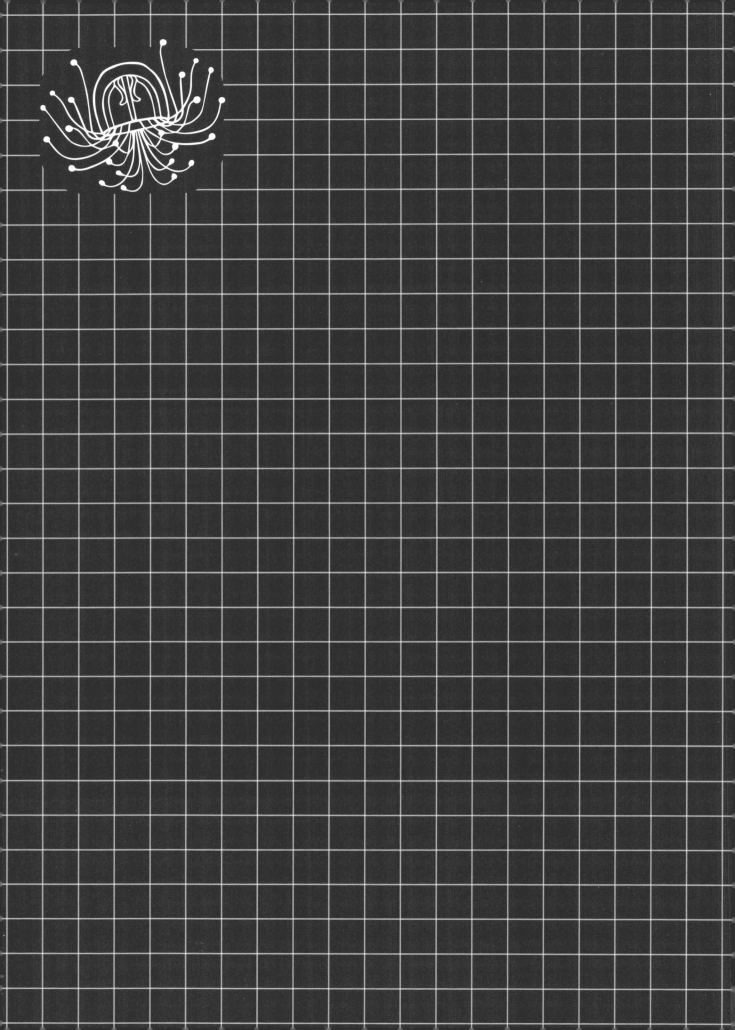